AF482617

9 783749 708116